CONSIDÉRATIONS

SUR LES

MAMMIFÈRES

QUI ONT VÉCU EN EUROPE

A LA FIN DE L'ÉPOQUE MIOCÈNE

PAR

ALBERT GAUDRY

Professeur de paléontologie au Muséum d'histoire naturelle.

EXTRAIT DU MÉMOIRE INTITULÉ :

ANIMAUX FOSSILES DU MONT LÉBERON

(VAUCLUSE)

PARIS

F. SAVY, ÉDITEUR

LIBRAIRE DE LA SOCIÉTÉ GÉOLOGIQUE DE FRANCE

RUE HAUTEFEUILLE, 24

1873

CONSIDÉRATIONS

SUR LES

MAMMIFÈRES

QUI ONT VÉCU EN EUROPE

A LA FIN DE L'ÉPOQUE MIOCÈNE

PAR

ALBERT GAUDRY

Professeur de paléontologie au Muséum d'histoire naturelle.

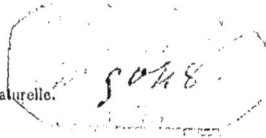

EXTRAIT DU MÉMOIRE INTITULÉ :

ANIMAUX FOSSILES DU MONT LÉBERON

(VAUCLUSE)

PARIS

F. SAVY, ÉDITEUR

LIBRAIRE DE LA SOCIÉTÉ GÉOLOGIQUE DE FRANCE

RUE HAUTEFEUILLE, 24

1873

CONSIDÉRATIONS

SUR LES

MAMMIFÈRES

QUI ONT VÉCU EN EUROPE

A LA FIN DE L'ÉPOQUE MIOCÈNE

A mesure que j'ai cherché à comprendre l'histoire des êtres fossiles, il m'a paru de plus en plus probable que l'*Auteur du monde* n'a pas créé isolément les espèces successives des âges géologiques, mais qu'il les a tirées les unes des autres. Mes études sur Pikermi ont confirmé cette manière de voir en me montrant de nombreux traits d'union entre des formes qui avaient d'abord semblé distinctes : par exemple un singe intermédiaire entre le semnopithèque et le macaque, un carnassier intermédiaire entre l'hyène et la civette, un pachyderme intermédiaire entre l'*Anchitherium* et le cheval, un ruminant intermédiaire entre la chèvre et les antilopes, etc. Les comparaisons que j'ai faites avec les fossiles d'autres gisements m'ont fourni des résultats analogues.

Quelques naturalistes m'ont répondu : « Il est vrai que les découvertes paléontologiques révèlent certains enchaînements entre les êtres des temps passés, mais ceci peut résulter de ce que Dieu a créé tour à tour les espèces, de manière à représenter un plan général de filiations restées à l'état virtuel dans sa pensée. Pour établir que des mammifères fossiles ont eu une commune origine, il ne suffit pas d'apercevoir des liens de familles et de genres, ou même de découvrir des espèces qui ont été très-rapprochées. Il faut encore donner des preuves que les espèces fossiles ont été assez mobiles, assez plastiques pour passer les unes aux autres. »

Il y avait beaucoup de sagesse dans ces observations. J'ai résolu d'en faire mon profit et de travailler à apprendre si les espèces fossiles ont été fixes ou variables. Pour atteindre ce résultat, j'ai pensé qu'il fallait explorer un gisement riche en débris d'animaux à peu près semblables à ceux de Pikermi ; car, en possédant un grand nombre d'os des mêmes espèces, je pourrais connaître si ces espèces ont été des entités immuables, ou bien si elles ont témoigné assez de plasticité pour faire supposer qu'elles sont descendues les unes des autres. C'est pourquoi, ainsi que je l'ai dit dans les préliminaires de ce mémoire, j'ai entrepris des fouilles dans le Léberon.

Pendant que j'ai étudié la variabilité des animaux de l'époque miocène, j'ai eu l'occasion de faire quelques autres remarques sur les êtres de cette époque; il m'a semblé qu'il ne serait pas inutile de les soumettre à mes savants lecteurs. J'ai été ainsi amené à composer ce chapitre dans lequel on trouvera réunis les sujets qui portent les titres suivants :

§ 1. — La fin de l'époque miocène a été caractérisée par le grand développement des herbivores.

§ 2. — Les mammifères miocènes confirment la croyance que les types des êtres supérieurs ont été plus mobiles que ceux des êtres inférieurs.

§ 3. — A en juger par les mammifères, le miocène supérieur d'Europe peut être divisé en deux sous-étages.

§ 4. — L'étude des mammifères miocènes appuie l'hypothèse que les séparations des étages ou des sous-étages ont été surtout les résultats de déplacements des faunes.

§ 5. — Sur les formes analogues des mammifères qui ont précédé et suivi ceux du miocène supérieur.

§ 6. — Sur la distinction des races et des espèces de quelques mammifères à la fin des temps miocènes.

§ 1.

La fin de l'époque miocène a été caractérisée par le grand développement des herbivores.

Je suis loin d'avoir rencontré toutes les espèces de quadrupèdes enfouies dans le mont Léberon; celles, notamment, qui appartiennent à ce qu'on peut appeler *la petite faune*, sont encore inconnues. Néanmoins les pièces déjà recueillies permettent de se faire quelque idée des anciens mammifères de la Provence. Le *Dinotherium*, le plus gigantesque de tous les animaux terrestres, était escorté par un énorme sanglier, deux espèces de rhinocéridés et l'*Helladotherium*, le plus majestueux des ruminants qui ont habité l'Europe. Les campagnes étaient couvertes de troupeaux d'hipparions, voisins de nos équidés modernes, et de gazelles à cornes en forme de lyre. A côté d'eux se tenaient les tragocères, auxquels leurs cornes pouvaient donner de loin un aspect de chèvres, mais qui, vus de près, offraient les traits caractéristiques des antilopes. Ils avaient un compagnon que ne connaissaient pas leurs parents de l'Attique, le *Cervus Matheronis*. Une immense tortue et d'autres plus petites se traînaient à côté de ces rapides coureurs. Peu de carnassiers devaient troubler les paisibles herbivores; on n'a trouvé que de rares débris de *Machærodus*, d'*Hyœna* et d'*Ictitherium*. Assurément, notre Provence est belle

aujourd'hui, mais elle était belle aussi quand tous
es êtres fossilisés dans le Léberon étaient en vie,
alors que les versants des collines étaient animés
par de nombreux troupeaux, et que, pour nourrir
tant de quadrupèdes, les vallées enfantaient une ample
végétation.

Le tableau que je viens d'esquisser nous transporte
vers la fin des temps miocènes, c'est-à-dire au moment
où le règne animal a eu son apogée. La liste qui suit
montre que les quadrupèdes du Léberon doivent avoir
été contemporains de ceux de Pikermi en Grèce, de
Baltavar en Hongrie (1) et de Concud (2) en Espagne (3) :

(1) C'est M. Suess qui a fait connaître les fossiles de ce gisement : *Ueber
die grossen Raubthiere der österreichischen Tertiärablagerungen* (Sitzungsb.
der Kaiser. Akad., 7 mars 1861).

(2) On pourra consulter, au sujet des fossiles de Concud, la note de
M. Gervais, intitulée : *Description des ossements fossiles rapportés d'Es-
pagne par MM. de Verneuil, Collomb et de Lorière* (Bull. de la Soc. géol.
de France, 2ᵉ série, vol. X, p. 147, 1852), et le mémoire de M. Juan
Vilanova y Piera : *Ensayo de descripcion geognostica de la provincia de
Teruel*, pl. 1ª, 2ª, in-4, Madrid, 1863.

(3) Il est probable que les marnes du mont Redon, près de Montouliers
(Aude), sont du même âge que celles du mont Léberon ; elles sont également superposées aux mollasses à *Ostrea crassissima*. M. Peyras a com-
muniqué au laboratoire de paléontologie du Muséum les premières pièces
de *Dinotherium* et d'*Hipparion* qu'il y a découvertes. Des fouilles faites
par M. Gervais ont procuré, outre de beaux échantillons des mêmes animaux, des débris de rhinocéros. M. Tournal m'a fait voir dans le musée de
Narbonne une molaire supérieure de grand *Sus* qui provient du même
gisement.

Peut-être faut-il également rapporter à la fin des temps miocènes les
couches de Kischinew en Bessarabie, où M. de Nordmann a signalé la
Thalassictis, qui paraît identique avec l'*Ictitherium robustum* de Pikermi.

MONT LÉBERON.	PIKERMI.	BALTAVAR.	CONCUD.
Machærodus cultridens....	Machærodus cultridens...	Machærodus cultridens.	»
Hyæna eximia.........	Hyæna eximia.........	Hyæna eximia.........	Hyæna eximia.
Ictitherium hipparionum...	Ictitherium hipparionum..	»	»
Ictitherium Orbignyi?....	Ictitherium Orbignyi.....	»	»
Dinotherium giganteum...	Dinotherium giganteum....	Dinotherium.	»
Acerotherium incisivum ?..	Acerotherium incisivum ?..	»	»
Rhinoceros Schleiermacheri.	Variété assez éloignée du Rh. Schleiermacheri.	»	»
Hipparion gracile.........	Hipparion gracile.........	Hipparion gracile.........	Hipparion gracile.
Sus major (c'est peut-être une race du Sus erymanthius).	Sus erymanthius........	Sus erymanthius ou major.	»
Helladotherium Duvernoyi..	Helladotherium Duvernoyi..	Helladotherium Duvernoyi.	»
Tragocerus amaltheus.....	Tragocerus amaltheus.....	Tragocerus amaltheus.....	Tragocerus amaltheus.
Gazella deperdita.........	Gazella deperdita........	Gazella deperdita	Gazella deperdita.
Cervus Matheronis.......	....	....	Cervus Matheronis ?

L'inspection de la liste précédente suffit pour faire ressortir le grand développement des herbivores; ce développement mérite notre attention, car il est le trait le plus caractéristique de la fin des temps miocènes.

Il n'y a pas fort longtemps (géologiquement parlant) que les herbivores se sont multipliés dans nos pays. Pendant que le calcaire grossier et le gypse de Paris se déposaient, les pachydermes dominaient encore : les *Lophiodon*, les *Chœropotamus*, les *Hyracotherium* devaient être omnivores comme les cochons et les tapirs actuels; les *Palæotherium*, et les *Anchilophus* avaient sans doute le régime des damans qui vivent de feuillages, ou des rhinocéros qui dévorent les buissons coriaces. Les *Anoplotherium* pouvaient avoir une nourriture intermédiaire entre celle des *Palæotherium* et celle des *Chœropotamus*. Les animaux les plus herbivores étaient les *Xiphodon*, les *Dichodon*, les *Amphimeryx;* ils étaient si voisins des pachydermes, que plusieurs naturalistes les rangent dans le même ordre. M. de Saporta a montré que l'étude des végétaux confirme les données fournies par l'examen des animaux; lors de la formation du gypse d'Aix, les plantes herbacées étaient rares (1).

A l'époque du miocène inférieur (2), les *Gelocus*

(1) *Études sur la végétation du sud-est de la France à l'époque tertiaire. Supplément I, Révision de la flore des gypses d'Aix* (*Annales des sciences naturelles*, 5e série, Botanique, vol. XV, p. 17 et 76, 1872).

(2) Dans le Nebraska, les ruminants du miocène inférieur sont plus nombreux et plus variés qu'en Europe; mais, si l'on réfléchit que, pendant les

avaient beaucoup de ressemblance avec les *Xiphodon*, mais leurs molaires supérieures sans mamelon interne, et leurs métatarsiens principaux soudés vers l'âge adulte, annonçaient la prochaine arrivée des ruminants ordinaires. En effet, bientôt après sont venus les *Dremotherium* dont les canons principaux sont soudés comme chez les ruminants actuels; leurs métatarsiens latéraux sont encore imparfaitement unis.

A l'époque du miocène moyen, la plupart des ruminants eurent leurs métatarsiens latéraux fortement soudés; ils se montrèrent plus grands et plus nombreux que ceux de l'âge précédent; toutefois ils étaient peu variés et n'atteignaient pas les dimensions qu'ils ont eues plus tard. Les antilopes avaient des cornes uniformes; les bois des cerfs étaient simplement fourchus comme ceux de nos cerfs élaphes, avant leur seconde mue. Il n'y avait point d'équidés, mais des *Anchitherium* dont les molaires très-basses semblent avoir été destinées à écraser des feuillages et des bourgeons; leurs dents auraient été bientôt usées si elles eussent habituellement moulu des herbes aussi chargées de silice que les graminées.

C'est seulement à l'époque du miocène supérieur

temps secondaires et éocènes, la mer couvrait une grande partie de l'Europe, tandis qu'il y avait en Amérique d'immenses espaces exondés depuis un temps très-ancien, on sera porté à penser que les flores et les faunes terrestres de nos pays ont été moins avancées dans leur évolution que celles de l'Amérique ; géologiquement parlant, le Nouveau Continent devrait sans doute être appelé l'*Ancien Continent*.

que les herbivores eurent un grand développement. La girafe et l'*Helladotherium* atteignirent une taille inconnue chez les ruminants des âges précédents; les antilopes prirent des formes variées, et les bois des cerfs se compliquèrent. Les hipparions succédèrent aux *Anchitherium*; leurs molaires très-hautes, formées de lames d'émail contournées, faisant saillie entre le cément et la dentine, constituèrent une râpe de la plus admirable structure. Je ne voudrais pas cependant prétendre qu'à l'époque du miocène supérieur, l'Espagne, la Provence, la Grèce eurent des prairies semblables à celles du nord de l'Europe actuelle; car, à côté des hipparions, il y avait des antilopes, des *Helladotherium* et des cerfs dont les molaires étaient plus basses que celles de nos bœufs, de nos moutons, de nos chèvres, et par conséquent se seraient plus promptement usées par le frottement des végétaux silicifères; ceci fait penser que parmi les plantes dont nos campagnes étaient couvertes, les graminées ne jouaient pas encore un rôle important.

Après l'époque du Léberon, c'est-à-dire pendant les époques pliocènes, quaternaires et actuelles, les ruminants, ainsi que les équidés, ont continué à être très-nombreux; le fût de leurs dents, ainsi que celui de plusieurs animaux d'autres classes, s'est allongé et s'est enduit de cément : je conclus de là que dans nos pays les prairies se sont étendues de plus en plus.

Il n'est pas sans intérêt pour la doctrine de l'évolution de constater le tardif développement des herbivores; car, évidemment, au point de vue embryogénique, comme au point de vue anatomique, les solipèdes et les ruminants représentent des types très-perfectionnés. Ce développement a eu dans l'histoire des mammifères une importance considérable, parce que les herbivores vivant pour la plupart en société, la date de leur extension a aussi été la date de l'apparition des troupeaux. Les grands troupeaux ne semblent avoir été constitués que dans le milieu et surtout vers la fin des temps miocènes. Sans doute dans les gisements plus anciens, on voit sur certains points de nombreux mammifères; néanmoins il y a lieu de croire que les espèces étaient représentées par un nombre d'individus assez limité, attendu qu'on ne trouve pas des accumulations d'os d'une même espèce comme à Sansan, à Pikermi ou dans le mont Léberon. Je peux rappeler ici que mes seules fouilles ont amené à Pikermi la découverte de 80 hipparions, de 50 tragocères, de 50 gazelles, et dans le mont Léberon de 30 hipparions, de 18 tragocères, de 90 gazelles; cependant il est bien certain que je n'ai retiré qu'une minime partie des os enfouis dans ces localités. Les herbivores devaient donner aux campagnes une physionomie nouvelle; ils composaient des sociétés bruyantes et remuantes qui contrastaient avec les silencieuses familles des premiers âges géologiques.

On doit aussi noter que ces animaux comptent parmi les plus séduisants de la création, de sorte que non-seulement ils ont donné plus de mouvement au monde animal, mais aussi ils ont contribué à l'embellir. Il est permis d'appliquer à la plupart d'entre eux ces mots que Brehm a dit des gazelles : *Elles ont une utilité esthétique.* Qui peut en effet voir, sans les admirer et même sans les aimer, ces bêtes dont le regard est si doux, la tête si finé, les allures si vives, toutes les formes si bien proportionnées ! Quand, par la pensée, on se transporte au pied du Léberon pendant la fin des temps miocènes, et qu'on se représente les bandes d'hipparions, de tragocères et de gazelles, on admet volontiers que, depuis le commencement du tertiaire, le monde animal a progressé en beauté.

Comme il fallait s'y attendre, l'évolution des carnivores a suivi celle des troupeaux d'herbivores. A l'époque éocène, les bêtes de proie étaient peu nombreuses et de petite taille ; l'*Hyœnodon* et le *Pterodon* ne dépassaient guère la taille d'un loup (1). Bientôt après parurent de grands *Amphicyon*, qui peut-être n'étaient pas de redoutables destructeurs ; leurs caractères, intermédiaires entre ceux de l'ours et du chien, permettent de croire qu'ils étaient un peu omnivores et mangeaient plus de chair morte que de proies vivantes. C'est à la fin de l'époque miocène que les carnassiers arrivèrent à leur apogée et se partagèrent en deux types extrêmes : l'*Hyène* et le *Machærodus*.

(1) L'énorme *Hyœnodon* du Nébraska décrit par M. Leidy paraît être du même âge que Ronzon, c'est-à-dire d'une époque un peu plus récente que celle du gypse de Montmartre.

§ 2.

Les mammifères de la fin des temps miocènes confirment la croyance que les types des êtres supérieurs ont été plus mobiles que ceux des êtres inférieurs.

Les paléontologues ont pu supposer qu'il y avait eu une extrême différence entre la mobilité des types des êtres supérieurs et celle des types des êtres inférieurs. En effet, on avait pensé que beaucoup de mollusques du miocène et même un certain nombre de ceux de l'éocène étaient identiques avec les espèces actuelles ; au contraire, plusieurs mammifères semblaient avoir été cantonnés dans certains étages : on n'avait d'abord trouvé les *Lophiodon* que dans l'éocène moyen, les *Palæotherium* proprement dits que dans l'éocène supérieur, les rhinocéros n'apparaissaient pas au-dessous du miocène, de telle sorte qu'on était vraiment autorisé à dire : âge du *Lophiodon*, âge du *Palæotherium*, âge du rhinocéros.

Mais, d'une part, en examinant minutieusement les anciennes espèces de mollusques tertiaires, on a observé des nuances qui les distinguent en général des espèces actuelles : MM. Deshayes, Fischer, Tournouër et d'autres conchyliologues, qui ont beaucoup étudié les rapports des espèces tertiaires entre elles et entre les espèces vivantes, pensent que les identités absolues ne sont pas très-communes parmi les mollusques d'âge différent. D'autre part, les recherches de MM. Tournouër, Thomas, Combes, etc., ont montré que des *Palæotherium* ont été contemporains des *Lophiodon* et des rhinocéros. Ainsi, les mollusques ont eu une moindre longévité qu'on ne pouvait le croire d'abord, tandis que les mammifères ont eu une longévité plus grande qu'on ne l'avait supposé.

Néanmoins on est encore fondé à prétendre que la mobilité des types de mollusques a été loin d'égaler celle des mammifères. MM. Darwin et Lyell en ont fait la remarque depuis longtemps. J'ai eu occasion de confirmer cette remarque dans mes recherches en Grèce ; j'ai vu les mammifères de Pikermi, qui sont très-différents des mammifères actuels, enfouis dans des couches superposées à des assises où se rencontrent des coquilles de mollusques dont les identiques existent de nos jours. L'examen du mont Léberon permet de compléter les observations faites à Pikermi, car les coquilles que j'ai recueillies dans l'Attique étaient d'eau douce, et celles dont je vais parler sont marines. Elles ont été trouvées à Cabrières. MM. Fischer et Tournouër ont reconnu parmi elles les espèces suivantes, qui sont identiques avec les formes actuelles ou en diffèrent par des nuances si légères qu'elles ne peuvent être séparées spécifiquement :

Nassa semistriata, qui existe encore dans la Méditerranée, et dans l'Atlantique.

Natica Josephinia. . . . . dans la Méditerranée.

Trochus millegranus. . . . . dans les mers d'Europe.

Calyptræa chinensis. . . . . dans les mers d'Europe.

Crepidula gibbosa. . . . . sur les côtes du Sénégal.

Anomya costata . . . . dans la Méditerranée.

Arca umbonata. . . . . dans la mer des Antilles.

Pectunculus glycimeris. . . . . . . dans les mers d'Europe.

Chama gryphoides. . . . . dans la Méditerranée.

Cardium papillosum. . . . . dans les mers d'Europe.

Venus plicata . . . . sur la côte occidentale d'Afrique.

Tellina planata . . . . dans la Méditerranée.

Eastonia rugosa. . . . . sur les côtes du Portugal.

Solen marginatus. . . . . dans les mers d'Europe.

Solecurtus candidus. . . . . dans les mers d'Europe.

Comme on le verra dans mon chapitre sur la géologie, le dépôt à ossements du Léberon est bien supérieur aux couches marines de Cabrières, et cependant tous les mammifères dont on y rencontre les débris présentent quelques différences avec les espèces actuelles ; plusieurs même appartiennent à des genres inconnus aujourd'hui : *Machærodus, Ictitherium, Dinotherium, Acerotherium, Hipparion, Helladotherium, Tragocerus.*

Pour expliquer cette différence entre la longévité des mammifères et celle des mollusques, on doit considérer que les mammifères ont un squelette composé d'un grand nombre d'os, tandis que les mollusques ont pour la plupart une coquille très-simple ; l'organisme si compliqué des premiers doit être plus exposé

que celui des seconds à subir quelque changement dans
une de ses parties. Sous ce rapport, je suppose qu'il
en est un peu des mammifères comme d'une machine
fabriquée par les hommes : plus les pièces sont nombreuses, plus en général il y a de chances pour que
l'une d'elles se dérange. Mais il y a entre l'œuvre des
hommes et le mammifère cette différence, que la machine s'arrête quand ses pièces sont modifiées par
l'usure ou toute autre cause, au lieu que, dans la nature, les changements sont mis à profit pour amener
une intarissable variété sans suspendre la marche de
la vie : les vertébrés ont poursuivi à travers les âges
leur évolution harmonieuse, sans cesse modifiés, et, à
chacun de leurs changements, tendant à réaliser une
perfection nouvelle dans l'ensemble du monde.

Cette mobilité des types vertébrés rend difficile
l'étude de leur évolution ; comme un personnage de
théâtre qui, à chaque scène, changerait de costume,
ils ne peuvent être reconnus que si l'on a présents à
l'esprit les traits principaux de leur physionomie. Les
mammifères ont subi de telles métamorphoses pendant
l'époque tertiaire, qu'on a de la peine à établir des
comparaisons entre les espèces ou même les genres du
commencement du miocène et les formes actuelles, à
moins de s'aider des types des époques intermédiaires.
Aussi les naturalistes qui se livrent à des recherches
de géographie paléontologique, trouvent-ils souvent
dans l'étude des animaux inférieurs et des végétaux

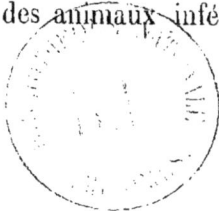

2

plus de ressources que dans celle des mammifères.
J'en ai eu il y a quelque temps une preuve frappante :
M. Marion, ayant étudié les plantes miocènes du Puy
en Velay, était arrivé à des considérations intéressantes
en comparant l'habitat de ces plantes et celui des
végétaux vivants qui s'en rapprochent ; il me demanda
si je pouvais établir également les relations géographiques des mammifères du Puy avec ceux de notre
époque. Je ne pus lui indiquer des analogies entre au-
cune faune du monde actuel et les mammifères du miocène inférieur du Puy, attendu que la plupart de ceux-ci
appartiennent à des types maintenant éteints. On sait,
au contraire, que dans le milieu des temps secondaires,
il y avait déjà une multitude d'invertébrés et de plantes
dont les genres existent encore aujourd'hui.

§ 3.

A en juger par les mammifères, le miocène supérieur peut être divisé en deux sous-étages.

Le gisement d'Eppelsheim, illustré par les travaux
de M. Kaup (1), renferme, à côté d'espèces semblables à celles du Léberon et de Pikermi, plusieurs formes très-différentes ; on en pourra juger par le tableau
ci-après :

(1) M. Virlet d'Aoust a découvert à Orignac, dans les Pyrénées, un

FOSSILES CARACTÉRISTIQUES D'EPPELSHEIM.	FOSSILES CARACTÉRISTIQUES. DU LÉBERON OU DE PIKERMI.
Dryopithecus ?	»
»	Mesopithecus.
Simocyon diaphorus à prémolaires persistantes.	Simocyon diaphorus à prémolaires en partie caduques.
	Hyæna.
»	Ictitherium.
Machærodus cultridens.	Machærodus cultridens.
Macrotherium (sp. nova).	»
»	Ancylotherium.
Dinotherium giganteum	Dinotherium giganteum ?
Mastodon longirostris.	»
»	Mastodon Pentelici.
»	Mastodon turicensis.
Rhinoceros Schleiermacheri. . . .	Rhinoceros Schleiermacheri ?
»	Rhinoceros pachygnathus.
Acerotherium incisivum.	Acerotherium incisivum ?
»	Leptodon.
Chalicotherium.	Chalicotherium.
Tapirus.	»
Sus palæochœrus.	»
Sus antediluvianus.	»
Sus antiquus.	»
»	Sus erymanthius et major.
Hipparion gracile	Hipparion gracile.
»	Helladotherium.
»	Camelopardalis.
»	Palæotragus.
»	Palæoryx.
»	Palæoreas.
»	Tragocerus.
»	Antidorcas.
»	Gazella.
»	Dremotherium.
Dorcatherium.	»
Cervus anocerus, dicranocerus. .	»
»	Cervus Matheronis.

gisement qui a été attribué à la même époque qu'Eppelsheim. Suivant M. Lartet, on y aurait trouvé : *Dinotherium, Rhinoceros Schleiermacheri* et *Goldfussii, Tapirus priscus, Castor Jægeri, Dorcatherium Naui*. (*Bull. de la Soc. géol. de France*, 2ᵉ série, vol. XXII, p. 320, 1865).

Un contraste aussi marqué dans la distribution des espèces fossiles porte à admettre que le gisement d'Eppelsheim n'est pas exactement du même âge que ceux du Léberon et de Pikermi. Mais quel est le plus ancien? La solution de cette question n'est pas sans difficulté (1).

Au premier abord, on trouve quelques arguments favorables à l'idée que le dépôt d'Eppelsheim est plus récent que ceux du Léberon et de Pikermi : par exemple, les sangliers d'Eppelsheim sont moins différents des espèces actuelles ; le *Mastodon Pentelici* de l'Attique, d'après le peu qu'on en a recueilli, semble avoir été intermédiaire entre le *Mastodon angustidens* de Sansan et le *Mastodon longirostris* d'Eppelsheim ; le *Leptodon* de Pikermi, qui rappelle le type *Palæotherium*, ne se montre pas à Eppelsheim ; le tapir d'Eppelsheim, qui n'a été rencontré ni dans le Léberon, ni dans les trois autres localités du même âge, a une grande analogie avec les espèces pliocènes de France. L'énorme tortue du Léberon paraît indiquer que ce gisement appartient encore à une époque très-chaude ; elle n'a pas été observée à Eppelsheim.

---

(1) Si les relations stratigraphiques du mont Léberon sont très-visibles, celles d'Eppelsheim ne le sont pas également ; d'après l'examen que j'ai fait de cette dernière localité, je ne pense pas que la stratigraphie puisse en ce moment suffire pour décider quel est le plus ancien des deux gisements.

Cependant les preuves qui me font supposer le dépôt d'Eppelsheim plus ancien, surpassent le nombre de celles qui le feraient croire plus nouveau. Ainsi, on a découvert les traces d'un grand singe à Eppelsheim comme à Sansan ; le singe de Pikermi ne ressemble pas à ceux de Sansan, mais à ceux des marnes pliocènes de Montpellier et aux singes actuels. Les hyènes se trouvent dans le Léberon, à Concud, à Baltavar, à Pikermi ; elles n'ont pas encore été signalées à Eppelsheim ; or, le type hyène est jusqu'à présent un type récent, inconnu dans le miocène moyen. Le *Simocyon* d'Eppelsheim a conservé ses molaires, tandis que chez celui de Pikermi elles sont devenues caduques. L'absence de girafes et d'antilopes, la présence du *Dorcatherium*, qui est voisin des *Amphitragulus* du miocène inférieur, donnent à Eppelsheim un aspect d'ancienneté. Les *Dicrocerus anocerus* du même gisement ont des bois à fourche simple comme ceux des jeunes cerfs élaphes ; ils annoncent donc une évolution moins avancée que le *Cervus Matheronis* du Léberon, dont les bois ont trois pointes ; en outre, ils se rapprochent beaucoup du *Dicrocerus aurelianensis* du miocène moyen.

D'après ce qui vient d'être dit, il me semble qu'il faut partager l'époque du miocène supérieur d'Europe en deux phases : une plus récente, représentée par Pikermi, le Léberon, Baltavar, Concud ; une plus ancienne, représentée par Eppelsheim.

Le miocène supérieur n'est pas le seul étage où l'on rencontre des faunes qui offrent des différences appréciables. Plus la géologie fait de progrès, mieux on reconnaît que le monde organisé a éprouvé de nombreuses vicissitudes. Pour en juger, on pourra jeter les yeux sur le tableau ci-après, qui montre la succession des faunes terrestres des mammifères tertiaires dans nos pays (1) :

PLIOCÈNE

Faune de Cromer, de Saint-Prest, de Saint-Martial. — Elle se distingue de la faune précédente parce que les mastodontes ont disparu ; les *Elephas meridionalis* ont des molaires à lames plus serrées, à émail plus fin ; les cerfs prennent des bois volumineux ou compliqués.

Faune de Perrier et du crag de Norwich. — Elle se distingue de la précédente par l'abondance des cerfs, la rareté ou l'absence des antilopes, la disparition des singes. Coexistence de l'*Elephas meridionalis* avec les mastodontes.

Faune de Montpellier. — Elle se distingue de la faune précédente par la disparition de l'*Helladotherium*, du *Dinotherium*, de l'*Ictitherium*, de l'*Ancylotherium*, la présence du tapir et de l'*Hyænarctos*. Les cerfs coexistent avec les antilopes.

MIOCÈNE SUPÉRIEUR.

Faune du mont Léberon et de Pikermi. Elle se distingue de la précédente faune par la profusion des antilopes, la présence de l'*Helladotherium*, de l'*Ictitherium* et de l'hyène, l'absence du *Dorcatherium* et du tapir.

Faune d'Eppelsheim. — Elle se distingue par la substitution de l'hipparion à l'*Anchitherium*, du *Mastodon longirostris* au *Mastodon angustidens*, et aussi par la présence des grands sangliers, du *Dorcatherium*, du *Simocyon*, du tapir.

(1) Pour lire ce tableau, on devra commencer par l'étage le plus inférieur (base de l'éocène) et finir par l'étage le plus élevé du pliocène.

MIOCÈNE MOYEN.

Faune de Simorre. — Elle diffère légèrement de la précédente par la présence du *Dinotherium giganteum*, du *Listriodon*, des *Rhinoceros brachypus* et *simorrensis*, l'absence du *Chalicotherium* et des antilopes.

Faune de Sansan. — Malgré d'intimes rapports, elle se sépare de la faune précédente par la disparition de l'*Anthracotherium*, du *Cainotherium*, du *Dremotherium* et par l'abondance des antilopes.

Faune des sables de l'Orléanais. — On peut la distinguer de la faune précédente par la disparition de l'*Hyænodon*, et parce qu'on voit plusieurs espèces de Sansan et même de Simorre associées avec l'*Anthracotherium onouleum*, les *Palæochœrus*, les *Cainotherium*, les *Dremotherium*, le *Dicrocerus aurelianensis*. Règne du *Dinotherium Cuvieri*, des *Mastodon angustidens* et *turicensis*.

MIOCÈNE INFÉRIEUR.

Faune d'une partie de l'Allier (étage du calcaire de Beauce). — Elle se distingue de la faune précédente parce que le *Palæotherium* a disparu, l'*Anchitherium* commence, le *Dremotherium* se substitue au *Gelocus*.

Faune de Ronzon et de Villebramar (étage des sables de Fontainebleau). — Elle diffère très-légèrement de la faune précédente par la rareté des *Palæotherium*, l'absence des *Anoplotherium*, l'abondance des *Bothryodon*, des ruminants appelés *Gelocus*. Continuation du règne des *Entelodon*.

ÉOCÈNE SUPÉRIEUR.

Faune des phosphorites de Caylux (étage du calcaire de Brie). — Elle se distingue de la faune précédente parce que les *Entelodon*, les grands *Anthracotherium*, les *Cainotherium* se multiplient à côté des *Anoplotherium* et des *Palæotherium*.

Faune des gypses de Paris, de Bembridge et des lignites de la Debruge. — Elle se distingue de la précédente faune par l'absence ou la rareté des *Lophiodon*. Règne des *Palæotherium*, des *Anoplotherium*, des *Chœropotamus*, des *Dichobune*, des *Xiphodon*, des *Hyænodon* et *Pterodon*.

ÉOCÈNE MOYEN.

Faune d'Hordwell et du Mauremont (étage des sables de Beauchamp). — *Dichodon, Microchœrus, Rhagatherium;* les *Palæotherium* se développent à côté des *Lophiodon*.

Faune d'Egerkingen, d'Argenton, d'Issel et du calcaire grossier de Paris. — Règne des *Lophiodon* et des *Pachynolophus*.

ÉOCÈNE INFÉRIEUR.	Faune du London Clay. — *Hyracotherium, Pliolophus.*
	Faune de l'argile plastique du Soissonnais. — *Coryphodon, Palæonictis.*
	Faune des grès de la Fère. — *Arctocyon.*

§ 4.

L'étude des mammifères miocènes appuie l'hypothèse que les séparations des étages ou des sous-étages ont été surtout les résultats de déplacements de faunes.

On a vu dans le paragraphe précédent que la faune d'Eppelsheim dut avoir une physionomie différente de celles du Léberon et de Pikermi, puisqu'elle ne renfermait ni hyène, ni *Helladotherium*, ni girafe, ni ces grands troupeaux d'antilopes qui donnent aux animaux du Léberon et de Pikermi un aspect africain. Mais, à côté de ces contrastes, on rencontre des espèces identiques dans les gisements de l'Allemagne, de la Grèce et de la Provence ; toutes les faunes du miocène supérieur d'Europe représentent des degrés d'évolution si rapprochés, qu'au premier abord on hésite à dire quelle a été la plus ancienne.

Cela me porte à penser que les deux sous-étages du miocène supérieur sont d'un âge peu éloigné, et que leur différence doit être attribuée en partie à des changements de configuration du sol qui auront occasionné des déplacements de faunes. Voici la manière dont je suppose que les choses se sont passées :

Les animaux d'Eppelsheim ont pu vivre vers la fin de l'époque pendant laquelle la mer de la mollasse ou du moins un reliquat de cette mer établissait encore une barrière entre le centre et le sud de l'Europe; placés au nord de la mer, ils ont eu peu de communications avec les régions du sud ; c'est peut-être pour cette raison qu'ils ont été différents des animaux africains.

Au contraire, les quadrupèdes du Léberon ont existé après que la mer de la mollasse avait cessé de battre le pied de cette montagne; ceci sera établi dans mon chapitre géologique. Il est probable qu'à l'époque où ils vécurent, le sud de l'Europe était plus exhaussé que dans l'époque actuelle, car la ressemblance des espèces du Léberon et de Concud tend à faire croire que les quadrupèdes terrestres trouvèrent des communications faciles entre l'Espagne et la Provence. Si l'on allait jusqu'à admettre un exhaussement assez fort pour que l'Europe se soit sur quelque point unie avec l'Afrique, on comprendrait pourquoi la faune de cette contrée a un peu conservé la physionomie des faunes miocènes de la Provence, de l'Espagne et de la Grèce.

Lorsque je dis que la différence des deux sous-étages du miocène supérieur résulte surtout de changements survenus dans l'habitat des animaux, je ne pense pas indiquer un fait isolé dans l'histoire du développement des êtres. Il y a lieu de supposer que l'ensemble du monde organique a marché d'une manière continue, et que, si les géologues rencontrent de brusques apparitions de fossiles en passant d'un étage à un autre, c'est parce qu'ils ont en général placé les limites d'étages sur les points où il y a eu des déplacements de faunes. Le paléontologue qui ne croit pas aux migrations et aux extinctions locales cherchera vainement les enchaînements des êtres anciens; il rencontrera des apparitions, des disparitions et des retours qu'il ne saurait expliquer; l'étude même du miocène en fournit bien des preuves; je vais en citer quelques-unes :

Pourquoi voit-on dans le miocène supérieur de Pikermi un singe très-différent du *Dryopithecus* et du *Pliopithecus* du miocène moyen, et ces singes du miocène moyen d'où sont-ils venus?

Pourquoi les civettes ont-elles laissé leurs débris en France dans le miocène inférieur, y manquent-elles dans le miocène supérieur et dans le pliocène, y reparaissent-elles plus tard sous la forme genette?

Le genre chien a vécu dans nos contrées durant la première moitié de l'époque miocène et à l'époque pliocène; que devint-il pendant l'époque intermédiaire?

Peut-être l'*Ancylotherium* est un parent du *Macrotherium;* mais où est l'ancêtre du *Macrotherium?*

D'où sont arrivés les premiers proboscidiens? Com-

ment expliquer que le *Mastodon turicensis* se montre
à Sansan et à Simorre, disparaisse à Eppelsheim, re-
vienne à Pikermi, et ne fréquente plus nos contrées
après l'époque pliocène, tandis qu'il semble s'être
perpétué longtemps encore dans l'Amérique du Nord
sous la forme du *Mastodon americanus?* Pourquoi les
mastodontes à dents mamelonnées, communs dans nos
pays pendant les époques du miocène moyen, du
miocène supérieur, du pliocène inférieur, ont-ils quitté
la France avant la fin de l'âge pliocène, et se sont-
ils continués dans l'Amérique du Nord pendant l'époque
quaternaire?

On a signalé le tapir dans le miocène moyen de
l'Allier; ses vestiges n'ont été observés ni à Sansan,
ni à Simorre; on les retrouve à Eppelsheim; on les
perd encore dans le Léberon; ils apparaissent de nouveau dans le pliocène de Montpellier et d'Auvergne;
aujourd'hui, pour apercevoir un tapir à l'état sauvage,
il faut aller dans l'Inde ou en Amérique.

Pourquoi le *Chalicotherium* (1) se rencontre-t-il
à Sansan, manque-t-il à Simorre, revient-il à Eppelsheim?

Où étaient pendant les époques pliocène et quaternaire le *Rhinoceros pachygnathus* de Pikermi, si voisin
du *Rhinoceros simus* de l'Afrique actuelle, et le *Rhi-*

(1) A en juger par les moulages envoyés au Musée de Paris, le *Titano-
therium* du miocène du Nebraska ressemble bien au *Chalicotherium.*

noceros Schleiermacheri d'Eppelsheim, très-proche du rhinocéros de Sumatra?

Lorsqu'à l'exemple de M. Kowalevsky, je compare l'*Anchitherium* avec l'hipparion, je ne résiste pas à la pensée que ces deux genres ont des liens de parenté; pourtant il doit y avoir eu entre eux des intermédiaires qu'on n'a pas découverts dans notre pays.

Si je compare l'*Hipparion* avec l'*Equus*, je suppose que l'un est descendu de l'autre, et même il me semble que l'*Hipparion occidentale*, le *Protohippus* de l'Amérique du Nord et l'*Hipparion antelopinum* de l'Inde ont diminué la distance qui séparait ces genres; mais, en Europe, on ne connaît pas d'intermédiaire entre eux.

Peut-on comprendre pourquoi la famille des antilopes se montre à Sansan, ne se trouve plus ni à Simorre, ni à Eppelsheim, reparaît très-nombreuse dans le Léberon et à Montpellier, et n'est représentée aujourd'hui en Europe que par le chamois, pendant que ses espèces abondent en Afrique et dans l'Inde?

Comment le *Dorcatherium* du miocène supérieur d'Eppelsheim, qui ressemble aux ruminants du miocène inférieur, manque-t-il dans le miocène moyen?

D'où est arrivé l'*Helladotherium* de Pikermi et du Léberon? Qu'est devenu pendant l'époque pliocène la girafe du miocène supérieur d'Europe, dont l'analogue se voit maintenant en Afrique?

Le genre *Hyæmoschus* vivait en France à l'époque du miocène moyen; il existe encore en Afrique; où était-il pendant le long espace de temps qui sépare l'âge du miocène moyen et l'âge actuel?

Sans doute, plusieurs des interruptions locales que je viens de citer ne sont qu'apparentes, et elles disparaîtront au fur et à mesure que notre ignorance en paléontologie deviendra moins grande; cependant il n'est point probable que toutes soient seulement apparentes. Or, pour expliquer ces interruptions dans la série des êtres, il faut, ou rejeter la doctrine de l'évolution, ou supposer qu'il y a eu des déplacements de mammifères et des extinctions locales. La géologie démontre que de tels phénomènes ont pu avoir lieu : par exemple, quand, après la formation continentale à laquelle a été dû le calcaire de Brie, la mer tongrienne a envahi une partie de la France, de l'Allemagne et de la Belgique, les animaux terrestres ont nécessairement péri dans certains endroits ou se sont déplacés; lorsque notre pays, exhaussé de nouveau, a vu se former le calcaire lacustre de la Beauce, les mammifères ont pu revenir; plus tard, quand le sol, encore réabaissé, a été envahi par la mer de la mollasse, les quadrupèdes terrestres ont dû s'éloigner ou mourir; et, après que le lit de la mer de la mollasse s'est desséché, plusieurs de ceux qui vivaient encore ont repris possession de leur ancien domaine. Il n'est pas douteux que, par suite de modifications dans la configuration du sol ou par toutes autres causes (1), les mammifères des continents se soient fréquemment déplacés. Les travaux de MM. Barrande, Pictet, Ramsay, Etheridge, Leymerie, Tournouër, etc., ont déjà montré que les mollusques ont voyagé dans les mers des temps passés. Plus la paléontologie progressera, plus on reconnaîtra l'utilité d'étudier les changements géographiques des êtres anciens.

(1) Parmi les causes qui ont influé sur les déplacements des animaux, il faut citer les changements de climat. Ainsi, à la suite des soulèvements qui ont marqué dans le nord de la France la limite du secondaire et du tertiaire, il se peut qu'il y ait eu une diminution sensible dans la température, et que ceci ait contribué à l'extinction ou au déplacement d'une partie de la faune secondaire; lorsque le sol s'est un peu abaissé pour laisser se former la mer parisienne, la chaleur et l'humidité ont peut-être augmenté. Les recherches de MM. Wood, Lyell, Heer, de Saporta, etc., ont montré que la température, fort élevée pendant une partie des temps éocènes et miocènes, s'est abaissée depuis le commencement de l'époque pliocène jusqu'à l'époque quaternaire; il est probable que plusieurs espèces se sont éloignées ou rapprochées des pôles, selon que le froid s'accroissait ou diminuait. MM. Lartet et Dawkins ont publié des notes intéressantes sur les migrations des animaux quaternaires; on ne peut attribuer ces migrations uniquement à l'action de l'homme, car, ainsi que M. Alphonse Milne Edwards l'a fait remarquer avec raison, ce ne sont pas certainement les sociétés humaines qui ont amené dans notre pays la grande chouette blanche et le tétras blanc des saules, et puis les ont renvoyés dans les contrées du Nord.

§ 5.

Sur les formes analogues des mammifères qui ont précédé et suivi ceux du miocène supérieur.

D'après les raisons qui viennent d'être données dans le paragraphe précédent, il serait chimérique de chercher dans un même pays un enchaînement non inter--rompu des êtres fossiles; pour saisir un tel enchaînement, il faudrait voir à nu toutes les couches de la terre. Mais, si l'on est fondé à dire qu'en passant d'un étage à un autre, on aperçoit des lacunes, il faut ajouter qu'on rencontre aussi des formes analogues. J'en peux citer des exemples qui me sont fournis par l'étude des mammifères du miocène supérieur. Ainsi, quand je compare ces animaux avec les espèces du miocène moyen d'Europe, je trouve : *Simocyon* analogue d'*Amphicyon*, *Ictitherium Orbignyi* analogue de *Viverra*, *Machærodus cultridens* analogue de *Machærodus? palmidens*, *Ancylotherium* analogue de *Macrotherium*, *Mastodon longirostris* et *Pentelici* analogues de *Mastodon angustidens*, *Rhinoceros Schleiermacheri* analogue de *Rhinoceros sansaniensis*, *Sus palæochærus* analogue de *Sus chæroides*, *Chalicotherium* analogue d'*Anisodon*, *Dicrocerus anocerus* analogue de *Dicrocerus aurelianensis*, *Gazella deperdita* et *brevicornis* analogues de *Gazella Martiniana*.

Plusieurs espèces du pliocène d'Europe paraissent à leur tour devoir être citées comme les analogues des animaux du miocène supérieur. Ce sont : *Semnopithecus monspessulanus* analogue de *Mesopithecus*, *Hyæna Perrieri* et *brevirostris* analogues d'*Hyæna eximia*, *Sus provincialis* analogue de *Sus antiquus*, *Mastodon arvernensis* analogue de *Mastodon longirostris* et *Pentelici*, *Tapirus arvernensis* et *major* analogues de *Tapirus priscus*, *Antilope Cordieri* analogue de *Tragocerus amaltheus*, *Dicrocerus australis* analogue de *Dicrocerus anocerus*, *Cervus gracilis* analogue de *Cervus Matheronis*.

Ces analogues révèlent une certaine ressemblance entre la faune du miocène supérieur et les faunes qui l'ont précédée ou suivie. Quoique cette ressemblance se manifeste souvent dans les traits généraux plutôt que dans les détails, elle doit être prise en grande considération par les hommes qui cherchent à comprendre le plan de la création. En effet, ou bien elle force à admettre ce qu'on a appelé la loi d'imitation, c'est-à-dire à supposer qu'en créant les êtres d'une époque géologique, Dieu a pris en partie pour modèles les êtres des époques précédentes, ou bien il faut croire que les analogies représentent des liens d'une parenté soit proche, soit éloignée.

Je préfère la seconde de ces hypothèses, parce que la plupart des espèces analogues ont une si forte somme de ressemblances comparativement à celle des différences, qu'il paraît avoir été plus simple de les tirer les unes des autres que de les détruire pour en refaire de presque pareilles. Chez les mollusques fossiles, ni la somme des ressemblances, ni celle des différences ne sont bien considérables, attendu qu'une coquille n'a pas des caractères très-variés. Mais le squelette des mammifères est composé d'un grand nombre d'os, qui eux-mêmes sont fréquemment compliqués : j'ai compté que le rhinocéros a 254 os et que le lion en a 262 (1). Je prie mes lecteurs de se transporter en esprit auprès d'un paléontologue qui veut déterminer l'espèce d'un mammifère fossile, pour lequel il possède la plupart des pièces constitutives du squelette. Il les trouve presque toutes semblables à celles des animaux qui ont vécu soit avant, soit après ce mammifère; il observe seulement çà et là quelques faibles différences. Ne conçoit-on pas qu'il doive être obsédé par une telle accumulation de ressemblances ? En vérité, on ne peut s'étonner s'il penche vers la supposition qu'il a sous les yeux, non pas des espèces d'origine distincte, mais un même type qui a subi de légères modifications.

(1) Je comprends dans ces chiffres les dents, mais non le sternum et les petits os sésamoïdes.

§ 6.

Sur la distinction des races et des espèces de mammifères à la fin des temps miocènes.

Il y a encore une vingtaine d'années, l'histoire de la période actuelle paraissait indiquer l'absence de races naturelles. Les momies d'Égypte n'avaient pas offert de différences avec les animaux qui vivent maintenant, et on en avait conclu que les espèces étaient invariables. Mais, aujourd'hui (1), il est reconnu que l'époque actuelle remonte bien plus loin que les momies d'Égypte : ainsi que l'a fait remarquer l'illustre Pictet de si regrettable mémoire, la faune actuelle n'est qu'un membre de la faune quaternaire, car celle-ci comprend presque toutes les espèces modernes de mammifères, et on ne peut la distinguer que parce qu'un certain nombre de grands quadrupèdes se sont éteints ou déplacés avant les temps historiques. Or, il devient très-

(1) M. de Quatrefages, dans ses publications si approfondies sur la question des espèces et des races, a bien montré la nécessité d'étudier les races naturelles ; je ne peux mieux faire que de renvoyer mes lecteurs à ses ouvrages. D'autres naturalistes, et surtout M. Charles Darwin, ont donné de précieux renseignements sur les races naturelles vivantes. En lisant les comptes rendus des voyages de M. Grandidier à Madagascar, on verra, par ce qu'il dit des lémuriens, que l'examen de nombreux individus des mêmes espèces révèle la grande plasticité des types spécifiques de notre époque.

probable que plusieurs des animaux cités comme caractéristiques de l'époque quaternaire sont de même espèce
que ceux d'aujourd'hui, et représentent seulement des
races particulières : par exemple, l'hyène tachetée, le
lion, le bison d'Europe, le taureau, le cerf élaphe,
semblent n'être que des races amoindries de l'*Hyœna
spelœa*, du *Felis spelœa*, du *Bison priscus*, du *Bos
primigenius*, du *Cervus canadensis* (quaternaire) (1).

Si véritablement les espèces actuelles ont formé des
races naturelles, il n'y a pas de raison pour que les espèces des temps passés n'en aient également formé. J'ai
donc cru devoir examiner les variations des animaux
du miocène supérieur pour apprendre si les espèces
tertiaires n'auraient pas donné naissance à des races
naturelles. Ouvrier inexpérimenté dans un champ si
nouveau, je ne saurais me flatter d'avoir beaucoup
découvert ; mais peut-être j'aurai attiré l'attention des
naturalistes qui me suivront, et surpasseront facile-
ment cet insuffisant essai. Voici le résumé des remarques que j'ai faites :

Les hyènes du pliocène diffèrent peu de celles du
miocène supérieur. Ainsi, on a recueilli à Sainzelle,
près du Puy, un crâne que l'on a désigné sous le nom
d'*Hyœna brevirostris ;* ses mandibules sont plus hautes
que chez l'*Hyœna eximia* de Pikermi et du Léberon,
et sa taille est bien plus forte ; mais ces modifications

(1) Cela ressort surtout des importants travaux de MM. Rütimeyer,
Sanford et Dawkins sur les animaux quaternaires ou actuels.

suffisent-elles pour empêcher de croire que l'*Hyæna brevirostris* est une race de l'*Hyæna eximia*? On a trouvé à Perrier, près d'Issoire, une hyène qui ressemble également à l'*Hyæna eximia;* Croizet l'a appelée *Hyæna Perrieri;* à en juger par ce qu'on en connaît, je n'assure point qu'elle n'en est pas une race.

Les différences que présentent les *Machærodus cultridens* de Pikermi et du Léberon sont peut-être des différences de sexe plus marquées que dans les lions actuels ; mais si on ne les attribue point au sexe, elles doivent indiquer des variétés ou des races. On a vu que le *Machærodus latidens* n'offre pas des variations moindres que le *Machærodus cultridens*.

J'ai fait observer dans mon ouvrage sur la Grèce que, si les naturalistes ne s'accordent point pour distinguer les espèces et les races de *Felis* vivants, ils doivent être encore plus embarrassés pour affirmer que les différences de plusieurs des *Felis* de Pikermi, d'Eppelsheim, de Perrier, etc., sont des différences d'espèces et non de races.

Comme l'a remarqué M. Kaup, qui a créé le genre *Dinotherium* et en a manié beaucoup d'échantillons, les *Dinotherium bavaricum* et *Cuvieri* ne sont peut-être que des races plus petites du *Dinotherium giganteum*.

Le rhinocéros de Pikermi appelé *Rhinoceros pachygnathus* et le *Rhinoceros simus* d'Afrique ne sont-ils pas des races d'une même espèce? J'ai rappelé que Duvernoy avait regardé le *Rhinoceros sansaniensis* comme une race du *Rhinoceros Schleiermacheri* d'Eppelsheim; ce dernier, ainsi que M. Kaup l'a signalé, a des affinités avec le rhinocéros actuel de Sumatra.

On n'a pas jusqu'à présent indiqué des différences assez tranchées pour nier que le *Tapirus arvernensis* de Perrier soit une race du *Tapirus minor* de Montpellier, et que celui-ci soit lui-même une race du *Tapirus priscus* d'Eppelsheim.

Les hipparions du miocène supérieur d'Europe présentent tant de différences dans les proportions de leurs membres, qu'au premier abord on voudrait les attribuer à des espèces distinctes; mais, comme on constate d'insensibles transitions entre eux, il y a lieu de penser qu'ils se rapportent à une seule espèce partagée en deux races : l'une lourde, l'autre grêle, communes toutes deux à Pikermi. Dans le Léberon, la race grêle s'est accentuée; on voit dans ce gisement des os plus faibles qu'aucun de ceux des hipparions de la Grèce.

Le *Sus major* de la Provence se distingue du *Sus erymanthius* de Pikermi par l'absence de la grosse saillie qu'on remarque au-dessus de la canine dans les maxillaires du sanglier de la Grèce. Je n'assure pas que l'un fût simplement une race de l'autre; mais, tout au moins, je crois que l'un a dû descendre de l'autre; car, à part la différence de la saillie des maxillaires, j'ai observé entre eux les ressemblances les plus minutieuses (1). Le *Sus simorrensis* de Simorre, le *Sus chœroides* de l'Anjou, les *Sus antiquus, palœochœrus* et *antediluvianus* d'Eppelsheim, les *Sus giganteus* et *hysudricus* de l'Inde, le *Sus provincialis* de Montpellier, le *Sus arvernensis* de Perrier, n'offrent point de telles différences, qu'il soit interdit de penser que les noms de quelques-uns de ces animaux représentent simplement des races. M. Gervais a dit que le *Sus Doati* n'est peut-être qu'une race plus grande du *Sus simorrensis* (2).

Le *Tragocerus amaltheus* a laissé de nombreux débris dans le mont Léberon comme à Pikermi. En comparant les divers échantillons des deux gisements, il m'a semblé que cette espèce se partageait en trois races : une race à cornes grandes et divergentes, commune à Pikermi, rare dans le Léberon ; une race à cornes grandes et rapprochées, qui était au contraire rare à Pikermi, commune dans le Léberon ; une race qui avait des cornes petites, écartées à leur base, peu divergentes, et était également peu abondante dans l'une et l'autre localité (3).

J'ai trouvé à Pikermi un axe de corne de *Palœoreas* sans arête ; je n'ai pas osé l'inscrire sous un autre nom que les autres os des *Palœoreas* de ce gisement, mais une antilope ayant de telles cornes a pu devenir

---

(1) Voyez page 46 de ce mémoire.
(2) *Zoologie et Paléontologie françaises*, 2º édition, p. 181, 1859.
(3) Voyez page 55 de ce mémoire.

la souche d'une race particulière. On a vu qu'un spé-
cimen semblable à celui de l'Attique a été rencontré en
France.

Les gazelles fossiles n'ont pas été moins nombreuses
que les tragocères. J'ai dit (1) que celles de Pikermi
et du Léberon ont appartenu à une même espèce partagée en deux races : celle de Pikermi à cornes grandes,
rondes, divergentes, celle du Léberon à cornes plus
petites, plus aplaties, se rapprochant sur la ligne
médiane pour prendre une disposition lyrée très-ac-
centuée.

Le *Dicrocerus aurelianensis* de Montabuzard et des
sables de l'Orléanais, un petit *Dicrocerus* que M. Farge
vient de découvrir dans le falun de l'Anjou, les *Dicrocerus anocerus* et *dicranocerus* d'Eppelsheim, le *Dicrocerus australis* de Montpellier, paraissent, à en juger
par leurs bois, former un groupe où il est encore difficile de distinguer ce qui est race et ce qui est espèce.
Les *Dicrocerus furcatus* de Steinheim et *elegans* de
Sansan appartiennent à la même section ; l'un pourrait
n'être qu'une race de l'autre.

Assurément, certains animaux fossiles, dans l'état
très-imparfait de nos connaissances, nous semblent
être de même race, et cependant nous apprendrons
qu'ils sont d'espèces différentes quand nous les étudie-
rons mieux ; en compensation, on peut dire que plu-

(1) Voyez page 61 de ce mémoire.

sieurs fossiles, classés en ce moment comme espèces distinctes, paraîtront représenter seulement des races d'une même espèce, lorsque la découverte de nombreux individus aura révélé leurs variations et leurs ormes de transition.

D'où sont venues ces diversités de races dont je crois apercevoir quelques indices jusque dans les temps miocènes? Pourquoi la plupart des hipparions, des gazelles et des tragocères du Léberon eurent-ils des membres plus grêles que les mêmes espèces de l'Attique? Ce n'est peut-être pas uniquement parce que la végétation de la Grèce était plus luxuriante que celle de nos pays, car Livingstone a dit en parlant de l'Afrique tropicale : « *L'abondance de nourriture que fournit cette région comparativement à celle du sud ferait supposer que les animaux doivent y être plus grands que dans le midi; mais..... les mesures que j'ai prises m'ont prouvé qu'au nord du vingtième degré de latitude, les animaux sont plus petits que ceux de la même race que l'on rencontre au midi de ce parallèle* (1). » Et pourquoi les tragocères, les gazelles, eurent-ils le plus souvent dans le Léberon leurs cornes rapprochées, tandis qu'à Pikermi ils avaient généralement leurs cornes divergentes? Je l'ignore et n'en saurais donner de meilleures raisons que pour les changements de genres et d'espèces.

(1) *Exploration dans l'intérieur de l'Afrique australe* (ouvrage traduit de l'anglais, in-8, p. 618, 1859).

Autant vaudrait demander pourquoi les gazelles du
Léberon et de Pikermi avaient de longs os nasaux
tandis que les narines des gazelles actuelles d'Afrique
et surtout des saïgas sont si peu protégées, pourquoi
les *Dinotherium*, les plus invincibles des mammifères,
s'éteignirent après l'époque miocène, pourquoi un peu
plus tard les puissants mastodontes furent remplacés
par les éléphants? Les hommes qui étudient le monde
vivant ont pu croire à la fixité des espèces, mais ceux
qui scrutent les temps géologiques sont plutôt portés
à penser que le changement est l'essence des créa-
tures : l'Activité de Dieu semble s'être manifestée par
des modifications incessantes qui, en donnant de la
variété à la nature, ont contribué à sa beauté.

Il faut avouer que l'ancien système de créer un
nom spécial pour la moindre variation est très-com-
mode, tandis que pour distinguer les races des espèces,
les paléontologues sont exposés à bien des erreurs. Dans
le monde vivant, lorsque les descendants d'un même
être présentent des différences, et que cependant ils
n'ont pas assez divergé pour cesser de donner par
leur union des produits féconds, ils sont considérés
comme constituant deux races d'une même espèce;
lorsqu'ils ont divergé au point de cesser de donner des
produits féconds, on les dit d'espèce différente. En paléontologie, non-seulement nous ne pouvons avoir un
tel critérium, mais encore il est très-difficile de se
guider par les analogies qu'offrent les animaux actuels,

car il y a parmi eux une extrême inégalité dans les caractères extérieurs qui séparent la race de l'espèce : par exemple, les races de chiens sont plus différentes les unes des autres que l'espèce âne ne l'est de l'espèce cheval.

Ceci montre que nous n'arriverons qu'à des à peu près pour discerner chez les êtres fossiles le degré qu'on nomme race dans la nature actuelle et le degré qu'on nomme espèce. Mais, pour atteindre la vérité le plus près possible, on pourrait adopter la méthode que voici : lorsque les différences qui séparent des animaux fossiles ont peu d'importance au point de vue de l'évolution, il est permis de croire que ces animaux n'ont été que des races d'une même espèce, c'est-à-dire, selon la définition précédente, qu'ils ont donné ensemble des produits féconds : ainsi, les divers hipparions de Pikermi et du Léberon, qui ne se distinguent guère les uns des autres que par leurs formes plus lourdes ou plus grêles, ont pu être des races d'une même espèce. Au contraire, lorsque les caractères qui séparent les animaux semblent indiquer une différence dans leur degré d'évolution, on doit supposer que ces animaux sont devenus des espèces distinctes, c'est-à-dire qu'ils ont cessé de donner ensemble des produits féconds ; car, s'il en eût été autrement, la nature aurait tourné dans le même cercle, au lieu de présenter ces divergences qui ont imprimé à chaque époque géologique une physionomie particulière. Par exemple, quand on trouve dans l'Amérique du Nord les hipparions appelés *Hipparion occidentale* et *Protohippus,* on a lieu de penser que ces équidés, après être descendus de l'*Hipparion gracile* ou de quadrupèdes très-voisins, n'ont pas continué à s'unir avec eux, puisqu'ils ont une tendance plus marquée vers la forme cheval. Lorsque l'*Hipparion antelopinum* a perdu ses doigts latéraux, on peut croire aussi qu'il a cessé de donner des produits féconds avec l'*Hipparion gracile*. S'il n'en eût pas été ainsi, les équidés seraient restés dans l'état intermédiaire appelé hipparion, au lieu d'atteindre l'état appelé cheval qui offre dans sa plus grande perfection le type de l'animal coureur. Suivant le même raisonnement, quoique les *Dremotherium* nommés *Amphitragulus* ressemblent beaucoup aux autres *Dremotherium*, je pense qu'ils constituent une espèce et non une race, car leurs grandes canines supérieures et leurs molaires inférieures au nombre de quatorze indiquent un degré d'évolution de moins que dans les autres *Dremotherium;* si ces derniers, après en être descendus, avaient persisté à produire avec eux, la forme ruminant qui est un des plus admirables types de la nature actuelle, ne se serait pas aussi nettement séparée de la forme pachyderme. Par la même raison, bien que les *Ictitherium robustum* et *hipparionum* se ressemblent extrêmement, je suppose que ce sont des espèces distinctes, parce que si les seconds n'avaient pas cessé de donner des produits féconds avec les premiers, ils auraient continué à présenter une forme intermédiaire entre les civettes et les hyènes, au lieu de produire le type hyène très-bien adapté pour dévorer toutes les parties des cadavres. Quoique le *Simocyon* d'Eppelsheim et celui de Pikermi aient de si grands rapports que le second me semble être descendu du premier, M. Hensel a peut-être bien fait de me reprocher de les avoir réunis dans la même espèce, car lorsque les prémolaires sont devenues en partie caduques chez la bête de Pikermi, elles ont préparé un état plus éloigné de l'ancien type amphicyon et plus rapproché du type ours. Je pourrais multiplier ces exemples : ceux-là suffisent sans doute pour expliquer dans quels cas des animaux issus des mêmes parents me semblent mériter des noms d'espèces ou représenter seulement des races.

Quelle que soit la difficulté de marquer la séparation des espèces et des races fossiles, je crois que cette séparation est digne d'attirer l'attention des naturalistes. L'histoire des êtres passés révèle une succession de nuances indéfinies : la Divine Sagesse a su coordonner ces nuances; mais vouloir distinguer chacune d'elles par un nom spécial, c'est préparer des catalogues sans limites où l'humaine faiblesse se perdra.

PARIS. — IMPRIMERIE DE E. MARTINET, RUE MIGNON, 2

PARIS. — IMPRIMERIE DE E. MARTINET, RUE MIGNON, 2.